常识手册
自然灾害有哪些，
你都了解吗？

"码"上查收
防灾避险
小贴士
做自己的安全小卫士

应急指南
遇到险情，一定要会
的自救知识。

安全百科
多主题教育专栏，
专为小朋友准备。

情景课堂
趣味生动讲解，
教你如何避险。

📢 每年一到夏秋季节，我国沿海一带就会遭受台风的侵袭，狂风暴雨，高潮巨浪，城市内涝，山洪暴发……往往会给人们的生命和财产带来严重危害。那么，当台风来袭时，我们该如何避险呢？现在就跟着我们的台风科普小使者，去图书的世界了解更多知识吧！

图书在版编目（CIP）数据

台风 / 陈雪芹，丛唯一，张玉英主编 . -- 长春：
吉林科学技术出版社，2024. 8. --（红领巾系列自然灾
害防灾减灾科普）. -- ISBN 978-7-5744-1746-5

I. P425.6-49

中国国家版本馆 CIP 数据核字第 2024GU2414 号

台风
TAIFENG

主　　编	陈雪芹　丛唯一　张玉英
副 主 编	杨　影　侯岩峰　张　苏　曹　晶　曲利娟
出 版 人	宛　霞
策划编辑	王聪会　张　超
责任编辑	穆思蒙
内文设计	上品励合（北京）文化传播有限公司
封面设计	陈保全
幅面尺寸	240 mm×226 mm
开　　本	12
字　　数	50 千字
印　　张	4
印　　数	1~6000 册
版　　次	2024 年 9 月第 1 版
印　　次	2024 年 9 月第 1 次印刷
出　　版	吉林科学技术出版社
发　　行	吉林科学技术出版社
地　　址	长春市福祉大路 5788 号出版集团 A 座
邮　　编	130118

发行部电话 / 传真　0431-81629529　81629530　81629531
　　　　　　　　　　　81629532　81629533　81629534

储运部电话　0431-86059116

编辑部电话　0431-81629380

印　　刷	吉林省吉广国际广告股份有限公司
书　　号	ISBN 978-7-5744-1746-5
定　　价	49.90 元

目录

6 台风名字的由来

8 台风的家在哪里

10 台风是如何形成的

12 台风长什么样

14 台风的三大破坏"本领"

16 台风也并非一无是处

18 台风来临前异常的天气现象

20 注意！台风预警

22 争分夺秒做准备

24 台风来袭，在室内怎么办

26 在户外遇到台风怎么办

28 野外遇到台风如何避险

30 在海上遇到台风怎么办

32 台风中受伤怎么办

34 暴雨中被困怎么办

36 溺水时如何自救与救人

38 台风中汽车落水如何自救

40 被困在礁石上怎么办

42 触电或被雷击怎么办

44 发生山洪及地质灾害怎么办

46 台风过后的安全问题

48 避险童谣

台风名字的由来

　　每当我们看台风预报时，总会听到一些炫酷的台风名字，如龙王、杜鹃、电母、鲇鱼、逼芭、妮妲、梅花、摩羯等。是不是觉得这些名字很难同台风联系起来。那么，是谁给台风起的名字呢？

为什么要给台风起名字

　　有两个原因：一是台风的危害大，需要引起人们足够的重视；二是海面上经常同时形成好几个台风，为了跟踪、辨别它们，就需要给它们取不同的名字。

2023年第1号台风"珊瑚"

↓

2301号台风"珊瑚"

谁给台风起的名字

　　台风的名字是由世界气象组织所属的亚太地区的14个国家和地区共同提供的，每个成员起10个名字，总共140个，分组排序，制定成一个台风命名表，循环使用。当一个台风生成时，就根据这个命名表给它一个名称，并同时给予一个四位数字的编号，其中前两位为年份，后两位为顺序号。

台风的名字可以随便取吗

当然不行。给台风起名字也是有规矩的，比如：每个名字不超过9个字母；容易发音；在各成员语言中没有不好的意义；不会给各成员带来任何困难；不是商业机构的名字。选取的名字应得到全体成员的认可，如有任何一个成员反对，这个名称就不能用作台风命名。

为什么有的名字不能继续使用了

如果某个台风对生命财产造成了特别大的损失，那么，这个名字就会被从命名表中删除，也就是说，这个台风会永久占有这个名字，后面再也不会出现相同的，而空缺的名称则由原提供成员再重新提供一个名字作替补。比如中国提供的"龙王""玉兔""海马""海燕"等名字都已被除名。

科普小课堂：台风和飓风的区别

台风和飓风都是一种热带气旋，只是发生地点不同，叫法不同而已。在北太平洋西部、国际日期变更线以西，包括南中国海和东中国海称作台风；而在大西洋或北太平洋东部的热带气旋则称作飓风。也就是说在美国一带称飓风，在中国、菲律宾、日本一带叫台风。如果在南半球，就叫作旋风。

台风的家在哪里

　　每年都会产生这么多台风，那么，台风从哪儿来的，它的家在哪儿呢？大多数台风的"家"都在西北太平洋广阔的低纬度（5°~20°）热带洋面上，具体的产生地主要有三个。

南海中北部：这里距离我国最近，通常在每年6~9月生成的台风最多，且台风水平范围较小，垂直高度较低，强度较弱。

菲律宾群岛以东的洋面：这里是台风的大本营，是西北太平洋上台风发生最多的地区，全年几乎都会有台风发生。最著名的当属2014年在这里生成的超强台风"威马逊"，给菲律宾和我国南方沿海地区带来了严重损失，也使得它从台风命名列表中被除名。

科普小课堂：什么力在驱使台风移动？

台风的移动会受到三种力的影响：一种是台风的内力，其总体方向朝着西北；一种是科里奥利力，这是由地球自转所产生的惯性力，在北半球会向右偏，所以北半球旋涡是沿逆时针方向旋转的；第三种是由副热带高压产生的一种外力作用，也是台风移动的主要动力来源。

马绍尔群岛：位于太平洋深处，在每年10月份发生台风最为频繁。比如2013年11月的超强台风"海燕"就在这里生成，虽然经过长途跋涉，但依旧给菲律宾和我国海南、广西等地区造成了严重损失，"海燕"这个名字也因此被除名。

台风生成后，就会离开"家"，按照一定的路径前进，越长越大，最终可能会消失在海洋中，也可能会在登陆后再逐渐减弱消散。

台风是如何形成的

台风的"家"为什么都在热带海洋上呢？因为这里具备台风形成的4个必要条件：

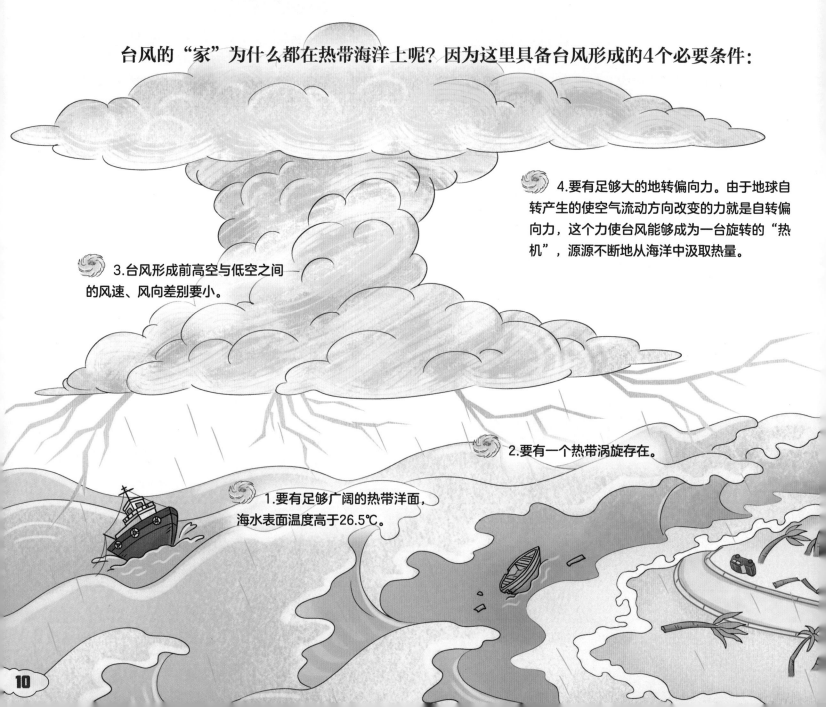

4.要有足够大的地转偏向力。由于地球自转产生的使空气流动方向改变的力就是自转偏向力，这个力使台风能够成为一台旋转的"热机"，源源不断地从海洋中汲取热量。

3.台风形成前高空与低空之间的风速、风向差别要小。

2.要有一个热带涡旋存在。

1.要有足够广阔的热带洋面，海水表面温度高于26.5℃。

条件具备了，那台风是怎么生成的呢？一起来看看。

阳光照射到海面上，海水温度升高到26℃以上，受热蒸发成水汽，上升到空中，形成积雨云。

大量的暖湿空气不断上升，海面上的中心空气越来越稀薄，气压降低，于是形成了一个暖湿的低压中心，导致周围的冷空气源源不断地涌入，并快速旋转起来，形成低气压涡旋。

水汽不断蒸发到空中，遇冷凝结成云团，并不断扩大，促使地面的中心气压下降得更低，涌入的空气旋转得更加猛烈，最终就形成了台风。

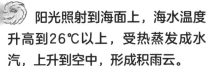

台风形成后，一般会移出源地并经过发展、成熟、减弱和消亡的演变过程。生命周期一般为3~8天，最长可达20天以上，最短仅1天。

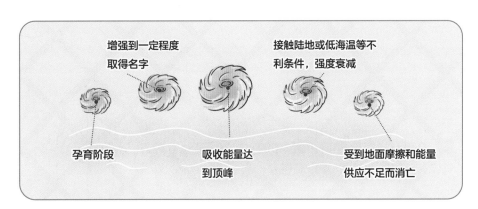

增强到一定程度取得名字

接触陆地或低海温等不利条件，强度衰减

孕育阶段

吸收能量达到顶峰

受到地面摩擦和能量供应不足而消亡

台风长什么样

台风经过漫长的过程逐渐发展成熟，那么，一个成熟的台风长什么样子呢？台风是一个深厚的低气压系统，中心气压很低。

辐

散

大风区

云墙区

云墙区

螺 旋 雨 带 区

台风眼区

在低层，有显著向中心集中的气流，旋转着上升到8千米高空。

上升气流

辐合气流

台风眼区：这里是台风的中心，平均直径为40千米，这里有下沉气流，下沉增温现象导致云消雨散，所以台风眼区晴朗无风，可谓台风里的"世外桃源"。

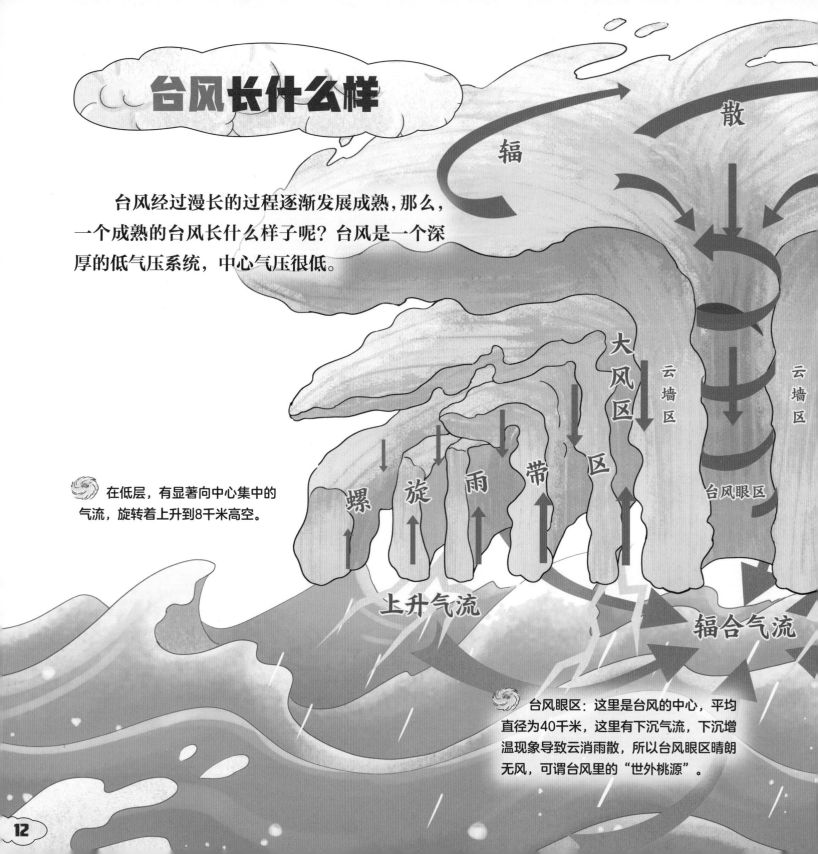

🌀 在台风顶部，气流旋转着向外扩散，流出的空气可远达 10 千米之外。

🌀 云墙区：位于台风眼周围，宽几十千米、高十几千米的区域，也称眼壁。这里有强烈的上升气流，中心附近区域风力最大，狂风呼啸，大雨如注，海水翻腾，是台风内天气最恶劣的区域。

🌀 螺旋雨带区：位于云墙外，几条雨（云）带呈螺旋状向眼壁四周辐合（气流从四周向中心流动），雨带宽几十千米到几百千米，长几千千米，雨带所经之处会降暴雨，并出现大风天气。

气

流

下沉气流

旋 雨 带 区

📣 科普小课堂：热带气旋的等级划分

我国将西北太平洋上的热带气旋，按其底层中心附近的最大平均风速分为六个等级。

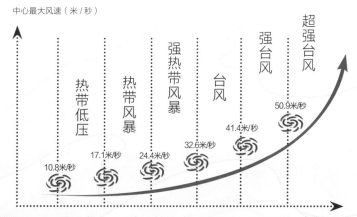

中心最大风速（米/秒）

	热带低压	热带风暴	强热带风暴	台风	强台风	超强台风
	10.8米/秒	17.1米/秒	24.4米/秒	32.6米/秒	41.4米/秒	50.9米/秒

6~7级　8~9级　10~11级　12~13级　14~15级　16级以上　最大风力

台风的三大破坏"本领"

台风是一种破坏力很强的灾害性天气，它有三大破坏"本领"：狂风、暴雨和风暴潮。一旦登陆，就会给相关地区造成巨大的损害。

狂风：台风风速大都在17米/秒以上，甚至在60米/秒以上，当风力达到12级时，垂直于风向平面上所受到的风的压力每平方米可达230公斤。

暴雨：一次台风登陆，降雨中心一天中可降下100～300毫米雨，甚至500～800毫米的特大暴雨，极容易导致农田受损，农产品减产，甚至造成山洪暴发和城市内涝，波及范围广，破坏性极大。

狂风及其引起的巨浪还可以把沿海船只抛起，甚至拦腰折断，也可把巨轮推入内陆。

风暴潮：当台风移向陆地时，由于强风和低气压的作用，使海水向海岸方向强力堆积，潮位猛涨，水浪排山倒海般向海岸压去，使沿海水位迅速上升5～6米，很可能造成海堤溃决，房屋、建筑被冲毁，城镇和农田被淹没，造成大量人员伤亡和财产损失。

台风带来的狂风可损坏甚至摧毁陆地上的树木、建筑、桥梁、车辆、供电线路等，使地面交通受阻，飞机停飞，引发城市大面积停电。

台风也并非一无是处

凡事都有两面性，台风在给人类带来灾害的同时，也给人类生产生活带来了不少好处。

台风通过降雨给沿海地区带来了大量的淡水，经计算，一个成熟的台风在一天内所下的雨，大约相当于200亿吨水，占地区总降水量的1/4，对改善地区淡水供应和生态环境十分重要。

台风将水汽输送至内陆地区，缓解内陆的旱情。

台风带来的风雨，能暂时缓解局部地区的高温天气，使身体感觉更舒爽，避免中暑。

台风带来的部分雨水会被储存到水库中，用于水力发电；大风也会为沿海地区风力发电做贡献。

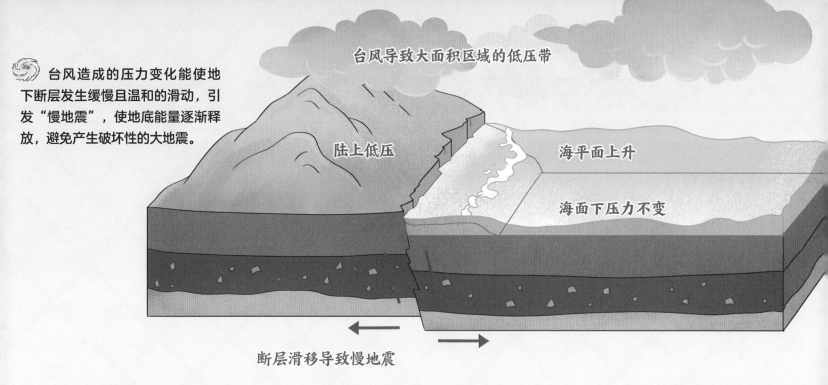

台风造成的压力变化能使地下断层发生缓慢且温和的滑动，引发"慢地震"，使地底能量逐渐释放，避免产生破坏性的大地震。

台风导致大面积区域的低压带

陆上低压

海平面上升

海面下压力不变

断层滑移导致慢地震

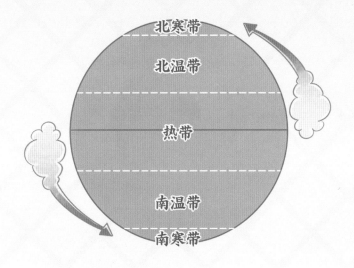

北寒带

北温带

热带

南温带

南寒带

台风的超强风力能驱动热带、亚热带地区的热量向温带、寒带地区移动，让世界各地冷热保持相对均衡，调节地球气候。

台风经过时，往往翻江倒海，会将海洋底部的营养物质卷上来，使浅水区鱼饵增多，吸引鱼群聚集，提高捕鱼产量。

台风来临前异常的天气现象

在台风来临的前2~3天，往往会出现一些异常的天气现象，人们可以此来判断台风是否快要登陆了。都有哪些现象呢？一起来看一下吧！

高云出现：高云形成于5000米以上高空，包括卷云、卷层云、卷积云。当某个方向出现卷云，并逐渐增厚成为较密的卷层云，则显示可能有一个台风正逐渐接近。

骤雨忽停忽落：当高云出现后，云层渐密渐低，常有骤雨忽落忽停，这也是台风接近的预兆。

雷雨停止：夏季的沿海地区，原本该有雷雨的时候却突然没有了，即表示可能有台风接近。

能见度良好：本来灰蒙蒙的天，突然天朗气清，很远处的物体都能看得很清晰，则很可能预示着台风要来了。

风向转变：夏季原本常刮较缓和的西南风，如果突然转变为东北风，且风速逐渐增强，则表示风已渐渐接近，并已开始受到台风边缘的影响。

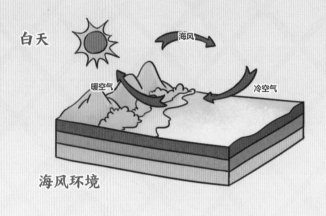

白天　　海风

暖空气　　冷空气

海风环境

陆风

冷空气

夜晚

暖空气

陆风环境

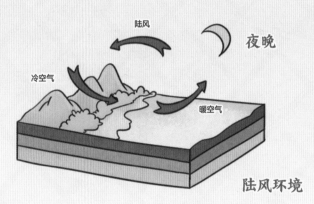

长浪：当远处有台风时，原本平稳的海浪会变得越来越汹涌、绵延不绝，速度和力度都让人措手不及。所以，沿海地区有"无风来长浪，不久狂风降"的谚语。

海鸣：如果长浪越来越大、越来越高，撞击海岸、礁石、山崖等发出吼声，往往表示3小时后台风就会来临。

海、陆风不明显：平时，白天风自海上吹向陆地，夜晚自陆地吹向海上，称为海风与陆风，但在台风将要来临前数日，此现象便不再明显。

特殊晚霞：台风来袭前1~2天的日落时分，常会在西方地平线下发出数条放射状红蓝相间的美丽光芒，发射至天顶，再收敛于东方与太阳对称的地方，此种现象称为反暮光。

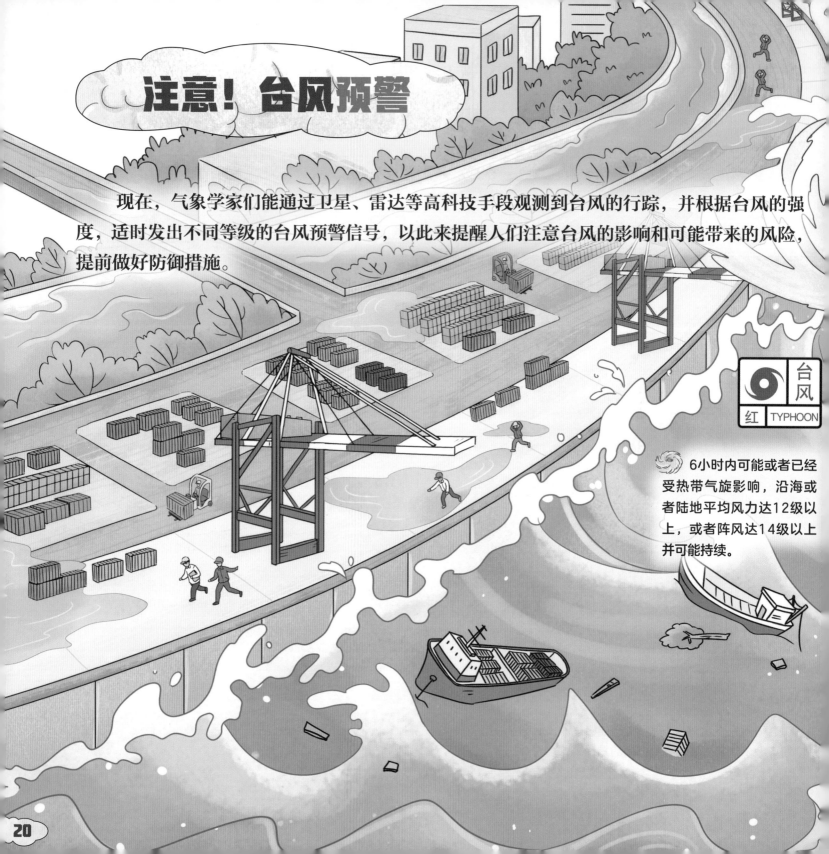

注意！台风预警

现在，气象学家们能通过卫星、雷达等高科技手段观测到台风的行踪，并根据台风的强度，适时发出不同等级的台风预警信号，以此来提醒人们注意台风的影响和可能带来的风险，提前做好防御措施。

台风 红 TYPHOON

6小时内可能或者已经受热带气旋影响，沿海或者陆地平均风力达12级以上，或者阵风达14级以上并可能持续。

预计未来24小时xx市区将受热带气旋影响，平均风力达6级以上。

★常识手册
★应急指南
★安全百科
★情景课堂
扫码领取

台风
橙 TYPHOON

12小时内可能或者已经受热带气旋影响，沿海或者陆地平均风力达10级以上，或者阵风12级以上并可能持续。

台风
黄 TYPHOON

24小时内可能或者已经受热带气旋影响，沿海或者陆地平均风力达8级以上，或者阵风10级以上并可能持续。

台风
蓝 TYPHOON

24小时内可能或者已经受热带气旋影响，沿海或者陆地平均风力达6级以上，或者阵风8级以上并可能持续。

争分夺秒做准备

收到台风预警后，大家应该赶紧做好防护准备，避免台风登陆后发生危险或造成损失。

🌀 及时收听、收看或上网查阅最新的台风预警信息，了解台风的动向。

🌀 住在危旧房屋或处于低洼地区的人员应及时转移到安全的地方，多准备衣物和干粮。离开前，把家里的电器、家具垫高。

🌀 提前清理排水管道，保证排水畅通。

🌀 不要到台风经过的地区旅游或到海滩游泳，更不要乘船出海。如果身处台风可能影响的区域，应提前返回。

🌀 提前准备好应急物资，如手电筒、蜡烛、充电宝、食物、饮用水及常用药品等，以防断电、停水。

提前加固房子周围容易被吹倒的物品，加固室外悬空、高空设施及简易、临时的建筑物，必要时拆除。

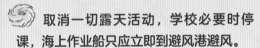

取消一切露天活动，学校必要时停课，海上作业船只应立即到避风港避风。

将阳台、窗台、屋顶等处的花盆、杂物等易被大风刮落的物品，及时搬到室内或其他安全地方，避免砸伤路人。

检查电路、炉火、煤气等设施是否安全，以防火灾。

关紧门窗，可在窗户玻璃上贴膜或用胶布、纸条贴成"米"字形状，必要时加钉木板，以防止窗户玻璃被强风震碎伤人。

台风来袭，在室内怎么办

台风来临时，尽量不要外出，待在室内是最为安全的。那这时我们需要做什么呢？

检查门窗是否严密，防止水渗入屋内。如果窗户进水，及时擦干或用盆、桶接水。

如果台风来袭的同时打雷，应立即切断电器电源，避免被雷击。

有雷电时，尽量不要拨打、接听电话，或使用电话上网，应拔掉电源、电话线等可能将雷电引入的金属导线。

如果家里积水严重，应撤离居所，到安全的地方暂避。

遇到雷电时，不要触摸水管、燃气管道等金属管道和与屋顶相连的下水管，也不要使用太阳能热水器洗澡，以防触电。

将家中贵重物品搬离窗边，不要在窗户附近站立，以防因玻璃破裂而受伤。

如果家中不慎进水，应立即切断电源，以免发生触电危险。

如果家中进水，应及时清除积水，在门口放置木板或沙袋，将水挡在门外。

垫高柜子、床等家具，特别要把大米、蔬菜等食物放在高处。

如果当时处于地下商场、地铁站等公共场所，出现积水时，安全员应迅速断电，打开应急灯，从安全出口有序撤离。

遇到危险时，及时拨打政府的防灾电话求救。

在户外遇到台风怎么办

台风来临时，风雨都很大，大家应减少外出，如果有急事不得不出门的话，以下这些事情就要特别注意了。

风大造成行走困难时，可就近到商店、饭店等公共场所暂避。

穿好雨衣、雨靴，不要打伞，不要骑车。逆风时，把身体缩成一团，一步一步地慢慢走稳；顺风时绝对不能跑，以免停不下来被刮走。

在积水中行走时，要细心观察周围的警示标志和路况，尤其是看到雨水打漩涡的地方，要绕道而行，以免被吸入没有井盖的下水道。

如果正在开车，应打开雨雾灯，减速慢行，避开强风影响区域和积水路段；如果积水超过轮胎的一半，最好寻找安全场所停车暂避。

不要在河、湖、海的路堤或桥上行走，以免被风吹落水中。

立即停止所有水上活动，上岸避风、避雨。

尽可能避开地下通道、地下停车场等易积水地区。

不要在玻璃门窗、危棚简屋、架、电线杆、树木、铁塔、广告霓虹灯等附近逗留或躲避风雨。

如果在路上看到有电线被风吹断，掉在地上，千万别用手触摸，也不能靠近，应即刻远离并马上报告电力部门。如果电线落在离自己很近的地面上，应该单腿跳或双腿并拢跳着离开现场，避免因跨步而触电。

野外遇到台风如何避险

台风来袭时，如果恰好你和家人正在山区、河边或海边等野外游玩，这时候怎么做才能躲避台风带来的危险呢？

在野外无法躲入建筑物内时，应将手表、眼镜等金属物品摘掉，远离树木、电线杆、烟囱等高耸、孤立的物体，找地势低的地方蹲下，双脚并拢，手臂收回，身体向前屈。人多时不要集中在一起，也不要手牵手靠在一起，以防遭遇雷击。

躲避风雨时，要注意避开山崖边、山脚下等危险环境，避免被风刮下悬崖或被落石砸伤。

当身处水坝、堤坝上时，要迅速撤离，小心被大风刮落水中或被洪水冲走。

遇强风时，应尽量趴在地面，然后往林木丛生处逃生，不可躲在枯树下。

在山地时，如发现水流湍急、混浊及夹杂泥沙、石块，可能是山洪或泥石流爆发的前兆，应立即离开溪涧或河道。

在山里突遇台风时，要小心塌方，树木倒下，应以最快的速度找到安全的避险地，如坚固、结实的房屋或山洞中。

不要住在帐篷或临时搭建的房屋里。

由于台风经过岛屿和海岸时破坏力最大，所以要尽可能远离海边，到坚固的宾馆或台风庇护站躲避。

在海上遇到台风怎么办

台风从海洋深处袭来，携带着狂风暴雨，浪涛翻滚，实在是太可怕了。所以，在台风来临前，应该听从指挥，回港避风。可如果来不及躲避，海上的船只和人员要怎么做才能避免危险呢？

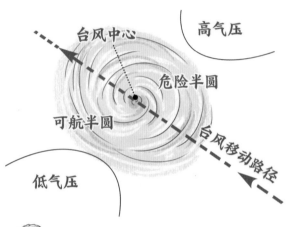

在同一个台风内，不同位置的危险程度是不一样的，所以在等待救援时，应根据台风风向、风力、气压等的变化，迅速驶出台风移动方向右侧的危险半圆区。

如果船只不幸失事，应在船员的指挥下，穿好救生衣，有序地登上救生船。

扫码领取

★常识手册 ★安全百科
应急指南 ★情景课堂

< 5米可跳

🌀 如果船只左右倾斜着沉没，应穿好救生衣，从船首或船尾跳船。

🌀 需要跳船时，应选择船的上风舷，距水面高度小于5米、漂浮物少时方可跳船，尽量迎风向远处跳。

🌀 应及时与岸上有关部门联系，争取救援。

🌀 入水前，拼命吸一口气，紧闭嘴憋住气；入水后不要挣扎，仰起头使身体倾斜，借助救生衣浮上水面。如果周围有漂浮物，要紧紧抓住。同时离沉船远一些，以免被沉船吸入水下。

台风中受伤怎么办

台风有着强大的破坏力，人们一旦不小心就可能会受伤，比如被积水中的尖锐物体割伤、被掉落的物体砸伤、不慎跌倒时磕伤，甚至骨折等。因此，掌握一些应对意外伤害的急救措施非常重要。

首先牢记两条急救原则

 自己受伤后，如果还可以行动，先要转移到安全的地方再处理伤处；如果不能行动，要立刻呼救。

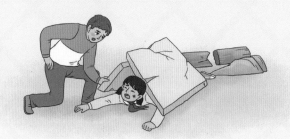 在救助他人时，不要贸然施救，需要注意周围的情况，保证自身安全。

擦伤、割伤时

 没有出血的伤口：用碘伏消毒之后包扎即可。

 伤口小，出血少：可先直接按压止血，再消毒、包扎。

 伤口较大，出血较多：可先用干净的衣物或纱布进行包扎止血，再送医处理。

 血流不止时：可先用布条等在伤口上方缠绕两圈，并稍用力勒紧，加压止血，再送医处理。

第一步

用冰袋或湿毛巾包裹冰块冷敷受伤部位。没有条件的情况下，可以用干净的冷水冲淋受伤部位。

第二步

用毛巾、衣服等覆盖在受伤部位，再用绷带或其他布条等进行缠绕包扎。

第三步

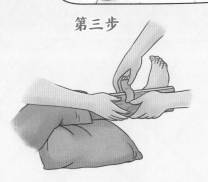

如果上肢受伤，可用布条把受伤的手臂吊在胸前；如果下肢受伤，可以在脚下垫上物体，抬高下肢，再用树枝、木板固定。

骨折时

如果是四肢骨折，应保持受伤时的体位，就地取材包扎、固定骨折部位，再请专业医生治疗。

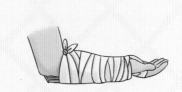

（1）用木板、纸板、木棍、树枝等对骨折部位进行包扎。

（2）用衣物、塑料袋等做成三角巾固定伤处。

如果是脊柱骨折，千万不要随便活动，最好由3~4个人扶托伤者的头部、背部、臀部，以及腿部，平放在硬担架或者门板上，用布带固定，然后运送到救治地点治疗。

暴雨中被困怎么办

台风登陆，暴雨紧随而至。突然增大的降雨量很可能造成城市内涝和洪水，很多人会因此而被困于水灾之中。那么，如果在暴雨中被困，应该如何自救呢？

被困在户外时

如果周围水太深，无路可走，可待在附近坚固的建筑物高处，打电话求助，或挥动颜色鲜艳的衣物呼救。

被困在建筑物内时

如果建筑物是老旧的高危楼房、农村的泥土房或处于低洼处的岸边，则应及时与相关部门取得联系，报告自己的方位，寻求紧急救援。

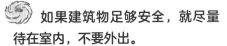 如果建筑物足够安全，就尽量
待在室内，不要外出。

 搜集干净的水、食物和衣物等一切可以利用的物资。

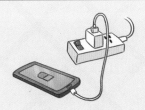 手机等通信工具尽量充好电，并节约用电，以方便与外界取得联系。

 家里一旦进水，必须切断电源，以免有触电的危险。

发现高压线铁塔倾倒、电线低垂或断折时要远离，防止触电。

紧急情况下，尽可能利用船只、木排、门板、木床、脸盆、气垫等较大的漂浮物进行自救。

溺水时如何自救与救人

台风带来的大暴雨常会引发城市内涝或洪水，一不小心就有可能发生溺水，危及生命。这时，我们要怎么做才能帮助自己或溺水者脱险呢？

溺水如何自救

🌀 镇静下来，扔掉口袋里的重物，脱掉鞋袜，然后让身体保持正确的姿势。

仰漂式

放松全身，头向后仰，面部向上，使口鼻露出水面，缓慢地深深吸气，浅浅呼气，同时四肢左右摆动划水，带动身体上浮，并伺机求救。

抱膝式

保持冷静，双手抱膝，低头呈蜷缩状，人体会慢慢上浮，当感觉背部离开水面时，迅速向下推水，同时抬头换气，然后下沉恢复抱膝状态，循环往复，保证呼吸，伺机求救。

开放式

闭气，全身朝下，四肢放松，自然下垂，等身体自然漂浮起来后，摆动手脚，抬头呼吸，然后继续闭气，循环往复，等待救援。

🌀 一旦落水，不要慌张，手脚乱蹬，拼命挣扎会使身体下沉更快，呛水而引起窒息。

🌀 如果在水中突然腿抽筋也不要惊慌，可深吸一口气潜入水中，用手将抽筋那只脚的脚趾向脚背方向扳，以缓解抽筋。

🌀 未成年人和没有受过专业训练的人不要贸然下水救人，也不要直接伸手施救。

🌀 不要手拉手救人，当有人脚下打滑或者突然失去平衡，就会连带着数人一起落水，造成更严重的后果。

🌀 如果发现有人溺水，首先要大声呼救或打电话报警，叫更多的人来帮忙。

🌀 寻找身边的漂浮物，如救生圈、泡沫、木板、绳子等，抛给溺水者。或者使用竹竿、树枝或把衣物拧成长条来施救，施救者要降低重心，避免被拖入水中。如果溺水者离岸边较远，最好是驾船前往搭救。

🌀 如果没有救护器材，需要下水直接救护时，应从背部托着溺水者，使其面部露出水面，然后将其拖上岸。

如果溺水者有呼吸、心跳，要立即对其进行控水。

如果溺水者没有呼吸、心跳，就要立刻进行心肺复苏。胸外按压30次，做2次人工呼吸，如此循环，直至溺水者恢复呼吸和心跳。

🌀 把溺水者救上来之后，迅速清理掉其口鼻中的污物，然后判断其有无呼吸、心跳，采取正确的急救措施之后送医。

台风中汽车落水如何自救

在台风的狂风暴雨中，开车出行时很可能会不慎落水，而车辆落水后，很快就会沉没，这时要尽可能地保持冷静，不要慌，要想办法尽快弃车逃生，千万不要被困在车里。

车辆刚刚落水时，并不会立刻沉没，也不会马上断电，这时应当快速打开所有逃生出口，防止电路短路无法操作。

趁水位还没没过车门，打开车门，迅速逃生。

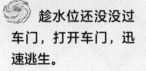

如果车门打不开，可尝试从天窗或侧窗逃生。

如果车窗没来得及打开，且车头已开始沉没了，要迅速转移到后排，后门受到的水压较小，也许可以打开逃生。

如果入水后，车窗和车门都无法打开，可以选择从后备箱逃生。

如果这些方式都无法逃生，
应立即用安全锤砸开车窗逃生。

不要砸前挡风玻璃，因为它很坚韧，很难砸开。

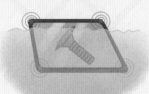

使用安全锤砸侧面车窗的边缘和四个角。

头枕　　车窗

如果没有安全锤，可拔出座位头枕，用头枕下方的金属杆敲击车窗边缘。

将面部尽量贴近车顶上部，保证足够的空气。

水快淹没头顶时，深吸一口气。用力打开车门，逃出车外后，保持面部朝上，不会游泳者抱住漂浮物，浮向水面后，等待救援。

如果车窗砸不开，车已经完全沉没在水里，此时也不要慌，等车内灌满水，内外水压平衡后，即可打开车门逃生。

被困在礁石上怎么办

当台风来袭时，可怕的风暴潮会掀起巨浪，如果你当时正在海边的礁石上游玩，没来得及撤离，被困在上面了，这时要怎么做才能避免危险呢？

不要盲目高声呼喊，保持冷静，如果手机在身边，用手机向警方求助。

爬到礁石最高处，尽量避免被海浪侵袭，保持身体干燥，避免体内热量流失。

当大浪袭来时，采取蹲姿或俯卧的姿势，同时屏住呼吸，避免被风浪卷入海中或因海水巨大的冲击力导致窒息。

被困在礁石上时，千万不要盲目自行游上岸，因为这样做轻则容易被暗礁割伤，重则可能丧命。

在大浪接近时，深吸一口气后弯腰潜入海底，用手插在沙层中稳住身体，待海浪涌过后再露出水面，游向岸边。

如果天黑了还未获救，应想方设法用光亮发出求救信号，比如手机、手电、燃烧的衣物等。

在没有手机或手机信号不好的情况下，可挥动鲜艳的衣服或点火产生烟雾，引起岸上或附近船员的注意。

浪头到时挺直身体，抬头，下巴前挺，确保嘴露在水面上，双臂前伸或往后平放，身体保持冲浪姿势。

★常识手册
应急指南
★安全百科
情景课堂

扫码领取

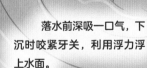

落水前深吸一口气，下沉时咬紧牙关，利用浮力浮上水面。

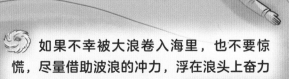

如果不幸被大浪卷入海里，也不要惊慌，尽量借助波浪的冲力，浮在浪头上奋力游向最近且容易登陆的地方。

浪头过后，一边尽快踩水前游，一边观察下一个浪头的位置。待下一个浪头到来后，再次保持冲浪状态，如此往复，直至登岸。

触电或被雷击怎么办

台风天气带来的狂风暴雨极易导致电线杆倾斜倒地或者断线，如不注意可能会发生触电。如果有雷电，还有可能会发生雷击。触电或雷击，轻则致伤，重则致死，因此，对于伤者的急救必须分秒必争。

对触电者如何急救

发现有人触电倒地时，千万不要急于靠近搀扶，应立即切断电源，然后再施救，同时拨打120急救电话。

无法关断电源时，可以用干燥的木棒、竹杆、塑料棍等不导电的物体将电线挑离触电者身体。

如果挑不开电线，应用干燥的绳子套住触电者将其拖离，使其脱离电流。救援者最好戴上橡皮手套，穿橡胶鞋等。

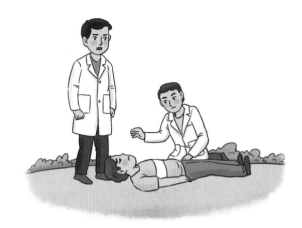

如发生电灼伤，应及时脱掉烧焦的衣服、鞋子和皮带，防止进一步热损伤，然后快速送医。

如果触电者神志清醒，有呼吸、心跳，则应让伤者就地平卧，严密观察，暂时不要站立或走动。

如果触电者昏迷，无呼吸、心跳时，应立即进行心肺复苏急救，先进行胸外心脏按压30次，再进行口对口人工呼吸2次，如此交替进行，直至伤者恢复呼吸、心跳或救护车到来。

遭受雷击者如何急救

被雷电伤后如果衣服着火，应该马上躺下，就地打滚，扑灭火焰。

救助者可往伤者身上泼水灭火，也可用厚外衣、毯子将身体裹住，以扑灭火焰。

伤者若无意识，无呼吸、心跳，应立即进行心肺复苏。呼吸、心跳恢复后，先用冷水冲洗烧伤处，再用干净的手帕、衣服等包扎伤口，然后送医治疗。

发生山洪及地质灾害怎么办

台风带来的狂风暴雨极易诱发山洪、山体滑坡、泥石流等次生灾害，给人们的生命安全造成很大的威胁。当这些次生灾害发生时，我们应该如何避险呢？

山洪暴发时

如果时间充裕，应向山坡、高地等处转移。

如来不及转移，应立即爬上屋顶、大树等高的地方暂时避险，等待救援，不要自己游泳转移。

若不幸被洪水卷走，要抓住木板、树干等悬浮物，尽量不让身体下沉，等待救援。

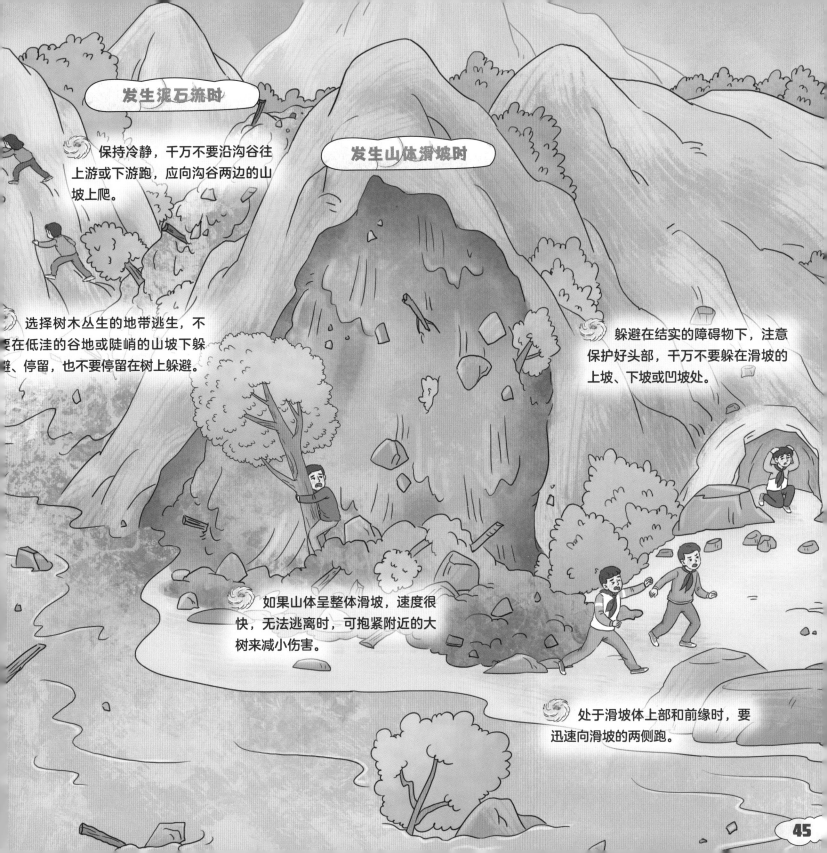

发生泥石流时

保持冷静，千万不要沿沟谷往上游或下游跑，应向沟谷两边的山坡上爬。

选择树木丛生的地带逃生，不要在低洼的谷地或陡峭的山坡下躲避、停留，也不要停留在树上躲避。

发生山体滑坡时

躲避在结实的障碍物下，注意保护好头部，千万不要躲在滑坡的上坡、下坡或凹坡处。

如果山体呈整体滑坡，速度很快，无法逃离时，可抱紧附近的大树来减小伤害。

处于滑坡体上部和前缘时，要迅速向滑坡的两侧跑。

台风过后的安全问题

台风过后，危险并没有完全解除，还存在着很多安全隐患，这些事项一定要留心。

台风过后，看到落地的电线，绝对不要靠近，可以拨打电力热线报修。

如果身体出现不适，如腹泻、发热、感冒等，要及时去医院就诊。

灾后出门，一定要事先了解路段情况，不去有积水或地质灾害易发的地区。

外出时最好穿防水的鞋，并避免接触积水。

不喝生水，最好饮用瓶装水，或将水净化、煮沸后再饮用。

吃新鲜的食物，不吃生冷、变质的食物。

勤给餐具消毒。

 注意饮食卫生，预防肠道传染病和食物中毒。

撤离返家后，仔细检查燃气、自来水、电路等设施，确认安全后，方可使用。

家中受潮地面、衣物等要及时清洗干净，住所周围的积水、垃圾、淤泥等要清理干净，清理过程中最好喷洒消毒水，以免滋生蚊虫。

如果皮肤出现伤口，要及时处理，认真消毒，以免伤口感染。

避险童谣

台风来，听预报。

加固堤坝通水道，船进港口深抛锚。

煤气电路细检查，门窗关闭物收好。

学生停课人疏散，灾后防疫很重要。